丝绸之路系列丛书
刘元风　赵声良　主编

# 敦煌服饰艺术图集

# 菩萨卷

（上册）

刘元风　常青　编著

中国纺织出版社有限公司

# 内 容 提 要

“丝绸之路系列丛书”共包括菩萨卷上、下册，天人卷，世俗人物卷上、下册，图案卷上、下册，艺术再现与设计创新卷8个分册。本册为菩萨卷上册。敦煌石窟中遗存了大量菩萨像，其精美、绚丽的服饰艺术展现了东西方文化交织的独特审美与时代特征。菩萨卷选取敦煌石窟艺术中具有代表性的菩萨像，以数字绘画形式厘清服饰的造型结构，并对菩萨像头部、手部与持物、足踏莲花等局部细节进行了重点线描绘制，以便于读者理解与摹画。

本书可供传统服饰文化爱好者、石窟文化爱好者参考使用，也可供服装设计师、平面设计师等相关从业人员学习借鉴。

**图书在版编目（CIP）数据**

敦煌服饰艺术图集．菩萨卷．上册 / 刘元风，常青编著．-- 北京 ：中国纺织出版社有限公司，2024．10

（丝绸之路系列丛书 / 刘元风，赵声良主编）

ISBN 978-7-5229-1818-1

Ⅰ．①敦… Ⅱ．①刘… ②常… Ⅲ．①敦煌学－服饰文化－中国－图集 Ⅳ．① TS941．12-64

中国国家版本馆 CIP 数据核字（2024）第 111925 号

Dunhuang Fushi Yishu Tuji Pusa Juan

责任编辑：孙成成　　责任校对：高　涵　　责任印制：王艳丽

中国纺织出版社有限公司出版发行

地址：北京市朝阳区百子湾东里 A407 号楼　邮政编码：100124

销售电话：010—67004422　传真：010—87155801

http://www.c-textilep.com

中国纺织出版社天猫旗舰店

官方微博 http://weibo.com/2119887771

北京华联印刷有限公司印刷　各地新华书店经销

2024 年 10 月第 1 版第 1 次印刷

开本：889 × 1194　1/16　印张：8.5

字数：75 千字　定价：98.00 元

# 总序

伴随着丝绸之路繁盛而营建千年的敦煌石窟，将中国古代十六国至元代十个历史时期的文化艺术以壁画和彩塑的形式呈现在世人面前，是中西文明及多民族文化荟萃交融的结晶。

敦煌石窟艺术虽始于佛教，却真正源自民族文化和世俗生活。它以佛教故事为载体，描绘着古代社会的世俗百态与人间万象，反映了当时人们的思想观念、审美倾向与物质文化。敦煌壁画与彩塑中包含大量造型生动、形态优美的人物形象，既有佛陀、菩萨、天王、力士、飞天等佛国世界的人物，也有天子、王侯、贵妇、官吏供养人及百姓等不同阶层的人物，还有来自西域及不同少数民族的人物。他们的服饰形态多样，图案描绘生动逼真，色彩华丽，将不同时期、不同民族、不同地域、不同文化服饰的多样性展现得淋漓尽致。

十六国及北魏前期的敦煌石窟艺术仍保留着明显的西域风格，人物造型朴拙，比例适度，采用凹凸晕染法形成特殊的立体感与浑厚感。这一时期的人物服饰多保留了西域及印度风习，菩萨一般呈头戴宝冠、上身赤裸、下着长裙、披帛环绕的形象。北魏后期，随着孝文帝的汉化改革，来自中原的汉风传至敦煌，在西魏及北周洞窟，人物形象与服饰造型出现“褒衣博带”“秀骨清像”的风格，世俗服饰多见蜚襳垂髾的飘逸之感，裤褶的流行为隋唐服饰的多元化奠定基础。整体而言，此时的服饰艺术呈现出东西融汇、胡汉杂糅的特点。

随着隋唐时期的大一统，稳定开放的社会环境与繁盛的丝路往来，使敦煌石窟艺术发展至鼎盛时期，逐渐形成新的民族风格和时代特色。隋代，服饰风格表现出由朴实简约向奢华盛装过渡的特点，大量繁复的联珠、菱形等纹样被运用到服饰中，反映了当时纺织和染色工艺水平的提高。此时在菩萨裙装上反复出现的联珠纹，表现为在珠状圆环或菱形骨架中装饰狩猎纹、翼马纹、凤鸟纹、团花纹等元素，呈现四方连续或二方连续排列，这种纹样是受波斯萨珊王朝装饰风格影响基础上进行本土化创造的产物。进入唐代，敦煌壁画与彩塑中的人物造型愈加逼真，生动写实的壁画再现了大唐盛世之下的服饰礼仪制度，异域王子及使臣的服饰展现了万国来朝的盛景，精美的服饰图案将当时织、绣、印、染等高超的纺织技艺逐一呈现。盛唐第130窟都督夫人太原王氏供养像，描绘了盛唐时期贵族妇女体态丰腴，着襦裙、半臂、披帛的华丽仪态，随侍的侍女着圆领袍服、束革带，反映了当时女着男装的流行现象。盛唐第45窟的菩萨塑像，面部丰满圆润，肌肤光洁，云髻高耸，宛如贵妇人，菩萨像的塑造在艺术处理上已突破了传统宗教审美的艺术范畴，将宗教范式与唐代世俗女性形象融为一体。这种艺术风格的出现，得益于唐代开放包容与兼收并蓄的社会风尚，以及对传统大胆革新的开拓精神。

五代及以后，敦煌石窟艺术发展整体进入晚期，历经五代、北宋、西夏、元四个时期和三个不同民族的政权统治。五代、宋时期的敦煌服饰仍以中原风尚为主流，此时供养人像在壁画中所占比重大幅增加，且人物身份地位丰功显赫，成为画师们重点描绘的对象，如五代第98窟曹氏家族女供养人像，身着花钗礼服，彩帔绕身，真实反映了汉族贵族妇女华丽高贵的容姿。由于多民族聚居和交往的历史背景，此时壁画中还出现了于阗、回鹘、蒙古等少数民族服饰，真实反映了在华戎所交的敦煌地区，多民族与多元文化交互融汇的生动场景，具有珍贵的历史价值。

敦煌石窟艺术所展现出的风貌在中华历史中具有重要地位，体现了中国传统服饰文化在发展过程中的继承性、包容性与创造性。繁复华丽的服装与配饰，精美的纹样，绚丽的色彩，对当代服饰文化的传承发展与创新应用具有重要的现实价值。时至今日，随着传统文化不断深入人心，广大学者和设计师不仅从学术研究的角度对敦煌服饰文化进行学习和研究，针对敦煌艺术元素的服饰创新设计也不断纷涌呈现。

自2018年起，敦煌服饰文化研究暨创新设计中心研究团队针对敦煌历代壁画和彩塑中的典型的服饰造型、图案进行整理绘制与服饰艺术再现，通过仔细查阅相关的文献与图像资料，汲取敦煌服饰艺术的深厚滋养，将壁画中模糊变色的人物服饰完整展现。同时，运用现代服饰语言进行了全新诠释与解读，赋予古老的敦煌装饰元素以时代感和创新性，引起了社会的关注和好评。

“丝绸之路系列丛书”是团队研究的阶段性成果，不仅包含敦煌石窟艺术中典型人物的服饰效果图，同时将彩色效果图进一步整理提炼成线描图，可供爱好者摹画与填色，力求将敦煌服饰文化进行全方位的展示与呈现。敦煌服饰文化研究任重而道远，通过本书的出版和传播，希望更多的艺术家、设计师、敦煌艺术的爱好者加入敦煌服饰文化研究中，引发更多关于传统文化与现代设计结合的思考，使敦煌艺术焕发出新时代的生机活力。

劉元風

2023年11月

# 自序

## 敦煌菩萨像服饰的造型特征

敦煌是中国古代陆上丝绸之路的重镇，来自古印度的佛教艺术沿“丝路”传入中国，与中原及各民族文化思想在敦煌汇聚，多元文明与多民族文化的交融，造就了敦煌石窟独特的艺术形式。4~14世纪，敦煌艺术历经了整整十个世纪一千多年生生不息的发展与汇聚演变过程，是名副其实的中华文化艺术宝库。敦煌石窟中遗存有大量菩萨像，历史悠久，数量庞大且序列完整，形态变化丰富，多数菩萨像的服饰形制及纹样、色彩保存完好，展现了东西方文化交织的独特审美与时代特征。

菩萨，具名菩提萨埵（Bodhisattva），意为“觉悟有情”。在大乘佛教中，菩萨是仅次于佛陀的第二等果位，释迦牟尼在成佛之前，即以“菩萨”尊称。在敦煌石窟中，菩萨像通常表现为宝冠裙帔、斜披罗衣、环佩璎珞的华丽形象。

敦煌石窟中所见菩萨像基本可分为两类：一类是佛经中有记载名号的菩萨像，如观世音菩萨、大势至菩萨、文殊菩萨、普贤菩萨、地藏菩萨等；另一类是主尊佛像的胁侍及其他听法与供养的众菩萨像，通常无具体名号及题记。

敦煌菩萨像的表现形式分为两种：一是彩塑菩萨像，二是壁画菩萨像。彩塑菩萨像通常位于主室龛内、外两侧，或站，或半跏趺坐，又或胡跪，为主尊佛像的胁侍菩萨。壁画菩萨像的呈现方式较丰富。首先，在洞窟壁画相对独立的壁面中处于主体位置的菩萨像，如隋代洞窟中出现多幅以菩萨为主尊的说法图，以弥勒菩萨说法图和观世音菩萨说法图多见，在唐代洞窟主室西壁龛外两侧常对称出现两身立姿单尊的菩萨像，位置显眼，形象突出，服饰绘制精美绝伦。其次，在洞窟壁画中处于主尊、胁侍及其他众菩萨像，主要包括经变画以及说法图中的听法与供养菩萨像。

菩萨作为极具代表性的佛教神祇，其形象本身来源于人们自身的思想信仰，在佛教一路东传的过程中，菩萨像的服饰不断吸收、融合不同民族的服饰文化元素，呈现出多元化的时代与地域特色。

敦煌石窟北朝早期，菩萨像仍多为西域装束，头戴宝冠，缯带翻飞，上身赤裸，下着长裙，姿态优雅。菩萨像的身体绘制运用了来自西域的凹凸晕染法，线条淳厚，因变色而更显体态健美、风格粗犷。北魏后期，随着孝文帝汉化改革的深入，敦煌石窟中开始大量出现汉地服饰装束的菩萨像。在西魏时期第285窟中，菩萨像身着大袖襦裙，双肩披“X”形交叉披帛，更有菩萨内着曲领中单，脚上穿的正是汉地流行的笏头履，宛如中原贵族，整体画面线条爽朗流畅，呈现“秀骨清像”“褒衣博带”的飘逸之气。

进入隋代，南北统一，“丝路”畅通，加之统治者对佛教文化的推崇，为敦煌地区石窟艺术的发展创造了良好的条件。隋代短暂的三十余年，莫高窟凿建洞窟有百余个。伴随东西方文化的深入交织，敦煌石窟艺术形成了新的民族风格。隋代菩萨像的比例形态更加自然匀称，面容趋向汉化，头戴火焰宝珠冠，上身穿着僧祇支，肩披长披帛并交络两臂，下着长裙，仪态端庄。僧祇支原本为佛教律典记载的佛衣和僧衣，在北朝时期被菩萨像吸收，成为隋代敦煌石窟菩萨像的主流上衣，并一直延续至唐代。值得注意的是，从隋代中后期开始，菩萨像的僧祇支和长裙上满饰花纹，有菱形纹、联珠纹、团花纹、忍冬纹等。其中，联珠纹中还有狮子、天马、凤鸟等有翼神兽，尽显东西方文化交融之风。

唐代前期，在开放包容、兼收并蓄的社会背景下，敦煌石窟艺术发展至极盛，伴随丝绸之路的繁盛以及唐代纺织技艺的发达，菩萨像服饰样貌更加精美。首先，菩萨像的造型强化写实性，比例形态生动逼真，身体匀称修长，肌肉感与关节动态自然真实，追求健康与健美，神态刻画更加细腻，面相丰腴，慈祥柔美，女性化程度日益明显；其次，菩萨像服饰造型丰富多样，络腋代替了僧祇支成为菩萨像的主流衣饰，透明纱罗长裙与华美织锦长裙相继出现，披帛飘逸，宝冠、璎珞、臂钏、耳珰、手镯、指环等装饰缀满全身，腰间搭配腰襻、裙带与彩绦，更显菩萨像的华贵不凡；再次，菩萨像服饰图案题材丰富、绚丽多彩，既有传统的几何填花纹、团花纹、十字散花纹，又有来自西域与中原文化融合而成的卷草纹，还有佛教色彩浓郁的宝相花纹，呈现出花团锦簇与中西合璧的艺术特色，充分体现了唐代繁盛的纺织品与精湛的染织工艺；另外，对比强烈的色彩组合在唐代菩萨像服饰上展现出完美的契合度，体现了唐代独特的色彩调和形式与色彩调和观念，展现出敦煌菩萨像服饰色彩在对比中寻求和谐统一的时代风格。

中晚唐至五代宋时期，敦煌石窟艺术的风格出现转折，唐前期明艳富丽的色彩开始趋于清淡，大多数人物形象赋彩简洁、色调明快、线条明确，部分壁画与彩塑出现程式化现象。菩萨像的服饰造型趋于典型化，整体服饰重叠厚重，衣纹细密繁复，再无前期的轻透之感。织锦长裙覆脚面而垂地，长而宽大的双色披帛覆肩下垂在身前交络双臂，形成上、下“U”形。此时的菩萨像整体简淡雅致，服饰图案多流行茶花、卷草、团花等精致的植物类纹样。中唐以后，汉传密教盛行，敦煌石窟塑像、壁画及绢画中出现了大量风格奇特的密宗菩萨像，常见多首多臂的造型，面部表情除慈面外，还有犬牙面、欢喜面、瞋面、思惟面等，也有手执法器与宝物的十一面八臂的观世音菩萨。菩萨像多着络腋与长裙，头冠、璎珞、臂钏、手镯极其华丽，身体比例标准，宽肩细腰，反映出印度式的审美。

西夏和元代时期，敦煌石窟艺术中出现了两种迥然不同的绘画风格：一种是汉风，多运用中原画法；另一种是吐蕃风，多见藏密题材。西夏占领敦煌初期，汉密艺术依然流行，来自中原的山水、人物画法传入敦煌，多以线描造型为主，用色简淡。榆林窟第3窟中的文殊菩萨和普贤菩萨赴会图，背景为巨幅山水图，气势恢宏，两尊菩萨半跏趺坐于白象背莲座之上，足踏莲花，神情端庄沉静，头梳云髻，佩戴高耸、华丽的宝冠。文殊菩萨穿着袍服，普贤菩萨内穿络腋，下着罗裙，裙裾在身体四周散开，披帛和飘带在身体及四肢上相互交叠缠绕而飘拂。画面线条虚实轻重有序，顿挫转折有致，充分反映出两宋绘画对敦煌石窟艺术的影响。至西夏中期，来自吐蕃的藏传佛教传入敦煌并迅速盛行。此时的壁画多流行密教曼陀罗题材，出现的菩萨形象包括一面八臂不空绢索观音、五十一面千手千眼观音、一面六臂如意轮观音、金刚萨埵菩萨等。菩萨像多头戴宝冠，深目高鼻，曲发披肩，古铜色或蓝绿色肌肤，长臂细腰，手足缦相，身姿优美，具有印度波罗蜜教艺术风格，充满神秘之感。

综上所述，佛教自印度传入中国本土，至敦煌，已跨越了地域与种族、时空与文化的限制，融汇了来自古西亚、中亚、南亚与东南亚文明，吸收了西域少数民族、中原本土文化，形成了风格独特、形式丰富的敦煌石窟艺术，也造就了敦煌菩萨像服饰的特殊地位与重要影响。

敦煌石窟艺术在中国美术史及艺术发展史上具有重要意义，敦煌石窟中丰富多彩的菩萨像服饰所表现出的宗教性、民族性与世俗化之间的有序互动与融合，展现了中国传统服饰文化在发展过程中的继承性、包容性与创造性，对探究多元文化及多民族文化的交融互动具有重要作用。敦煌石窟菩萨像服饰在中国传统服饰文化中具有重要地位，是丝绸之路文化背景下的优秀典范。菩萨像服饰中繁复华丽的服装与配饰，精美的纹样，绚丽的色彩，对当代服饰文化的创新设计与交流发展具有重要的现实应用价值。

《敦煌服饰艺术图集·菩萨卷》分为上、下两册，主要内容包含敦煌石窟艺术中经典菩萨像精美的服饰效果图，以及相对应的线描图。此外，还对菩萨像头部、手部与持物、足踏莲花等局部细节进行了重点线描绘制，便于读者理解与摹画。

编著者

2023年11月

# 目录

## 初唐

# 盛唐

## 局部

# 初唐

# 莫高窟初唐第57窟主室南壁观世音菩萨服饰

图文：刘元风

图中这身美丽的观世音菩萨像极具典型性，菩萨的面容与体态既气定神闲又婀娜多姿，体现修长的“S”形体态特征。菩萨面容秀美、禅悦，柳叶眉，鼻梁挺直，嘴角含笑，妩媚动人。头戴宝冠，微微颔首，颈身垂饰璎珞，戴臂钏和手镯，左手上举至颈肩，轻拈璎珞串珠，右手托在胸前，似在慈悲施与。菩萨上身穿袒右僧祇支，束腰带，外裹裙腰和长裙，裙带束结玉环，飘垂至莲花台前，身上环绕轻薄透明的天衣。整体服饰造型上紧下松，错落有致，丝绸面料精良而考究，并有联珠纹、小团花纹和富有扎经染色织物特点的图案装饰其间。

图：蓝津津

# 莫高窟初唐第57窟主室西壁龛外北侧供养菩萨服饰

图文：刘元风

此身供养菩萨面相丰满，五官精致，眉间有白毫；双目微垂，凝神静气，并留以髭须，庄重典雅；身体修长，体态圆润，跣足立于莲花台之上，站立的身体微侧向佛龛，似在听法。上身穿袒右僧祇支，饰以菱格联珠纹，腰束金属革带，下穿长裙，裙带束结圆环，外裹的裙腰因扎紧而边缘形成有韵律的波浪形，流畅的衣纹表现出悬垂的面料质感。整体服饰色彩配置轻重相宜，主次分明。

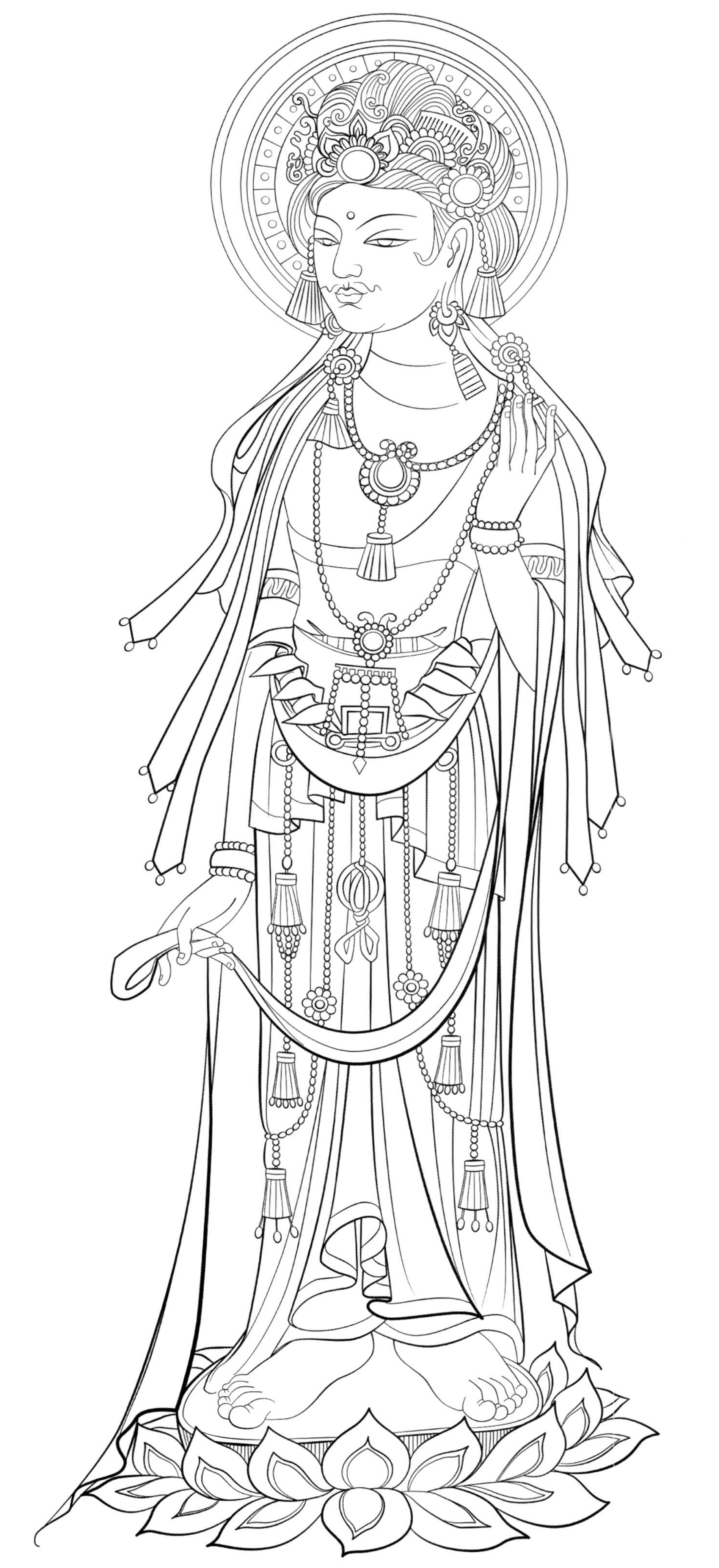

图：常青

# 莫高窟初唐第71窟主室北壁思惟菩萨服饰

图文：刘元风

思惟菩萨是一种菩萨造型的典型形式，常以右手支颐或扶额作思惟状，交脚趺坐或结跏趺坐为标识，在早期犍陀罗佛教造像中已有圆雕或浮雕的先例。此身菩萨双眸微垂，略泛笑意，面容恬静，侧面低首；右肘承于膝上，支颐沉思；左手轻抚腰间，交脚趺坐于覆瓣莲花座上。服饰造型上，菩萨颈间饰璎珞，戴臂钏和手镯，上身斜披络腋，下穿丝质长裙，透明的披帛环绕身体。

图：刘畅

# 莫高窟初唐第71窟主室北壁供养菩萨服饰

图文：刘元凤

此身供养菩萨神态安静优雅，梳高髻，长发分披两肩，头戴宝冠，挺胸昂首，左手轻拈颈间璎珞，右手抬举于胸前，拈一朵蒂部翻卷、冠瓣饱满的宝相花苞供养，侧身胡跪于覆瓣莲花座上。菩萨上身袒裸，下身穿红色长裙，腰系粉绿色腰裙，身上环绕披帛。在画面的艺术处理上，线条简练流畅，表现其薄衣轻纱的质感和衣装丝织品的精良。

图：刘畅

# 莫高窟初唐第220窟主室南壁供养菩萨服饰

图文：刘元风

两身供养菩萨均跣足立于仰瓣莲花台上，表现了聆听佛法、恭敬供养的情景。供养菩萨的服饰造型较为简洁明晰，前一身菩萨在头后挽大髻，辫发披肩，后一身菩萨梳高髻，均戴宝珠头冠、臂钏、手镯或颈饰。菩萨上身斜缠络腋，腰间束石绿色腰襻，下身着石青色和褐色腰裙，并分别穿着菱格四簇点纹和十字花纹印花裤。其裤型均为阔腿缩口，似灯笼形，面料质感轻薄透明。这种腰襻套穿腰裙和阔腿裤的组合是敦煌唐代壁画所绘菩萨像中常见的服饰之一。

图：王绮璠

# 莫高窟初唐第220窟主室北壁供养菩萨服饰

图文：刘元风

菩萨仰首注目上方的主尊，面容安静肃然，眉眼细长，长耳垂肩。左手持莲花花苞，右手支撑在身后的莲花座上，姿态优美，神情专注。在服饰造型上，菩萨头后挽大髻，辫发飘扬，戴宝珠头冠、耳环、颈饰、臂钏、手镯，首饰上均镶嵌着蓝色或绿色的宝珠，并用退晕法表现出晶莹剔透的质感，精致考究。上身袒裸，环绕披帛，下着长裙，材质轻柔飘拂。

图：常青

# 莫高窟初唐第220窟主室北壁燃灯菩萨服饰

图文：刘元风

菩萨面目安详，双目凝视，蹲于莲花座之上，正在虔心燃点手心中的灯盏。服饰造型上，菩萨戴宝珠头冠，束高髻，长发披肩，戴颈饰和手镯。上身披宽大的披帛，束腰裙，下着曳地长裙，缯带飘垂。绘者通过对人物体态和神情的贴切描绘，以及以石绿色和白色为主的色彩基调，营造出一种宁心静气的审美意境。

图：蓝津津

# 莫高窟初唐第321窟主室东壁门北侧供养菩萨服饰一

图文：刘元风

菩萨面相丰腴，双手捧持长柄香炉，侧身站立在覆瓣莲花座上。服饰特征上，菩萨头梳高髻，辫发披肩，戴镶嵌着宝珠的日月冠，颈部佩戴璎珞，腕间戴镯，均镶嵌光彩夺目的宝珠，上臂饰臂钏。上身斜披土红色络腋，束腰带，裹石绿色腰襻。下着透明纱质的土红色印花裤，为阔腿收口型，且裤子的前片薄如蝉翼，使其曼妙的身姿显露无遗，颇具时尚感。

图：王绮璠

# 莫高窟初唐第321窟主室东壁门北侧供养菩萨服饰二

图文：刘元风

菩萨面相丰润温婉，垂目静思，左臂下垂，用手掀起衣衫一角，右手在胸前轻拈珠串，正面站立在仰瓣莲花台上，身躯呈“S”形造型，姿态优雅，仪态万千。服饰造型上，菩萨头戴宝珠花冠，颈部饰璎珞，并从两肩垂下石绿色和浅土红色的飘带。上身袒裸，披轻薄透明的敞衣和披帛，衣衫用带子系结，缘边有半破式二方连续结构的卷叶花状图案装饰。腰束石青色腰带，裹褐色镶边的白色腰裙，下着白色的曳地长裙，有石青色镶边。

图：王绮璠

# 莫高窟初唐第322窟主室东壁门南侧日光菩萨服饰

图文：刘元风

日光菩萨的造型明显受胡人形象的影响，体态丰腴，五官立体，眉目传神，两耳垂肩，侧面向佛，左手做出施与的姿态，右手放置于胸前，跣足站立在覆瓣莲花台上。头戴仰月冠，束高髻，垂白色束发飘带，戴项饰、臂钏和手镯。服装的材料以丝织物为主，上身斜披络腋，束灰绿色腰襻，下配腰裙和长裙，随性而超然。

图：刘畅

# 莫高窟初唐第329窟主室南壁供养菩萨服饰

图文：刘元风

供养菩萨侧面立于覆瓣莲花台上，双手合十，视线集中在手中的莲苞上，呈缓步行进的瞬间姿态。头戴宝珠冠，梳高髻，束发飘带从背后垂落，戴璎珞、臂钏、手镯和脚镯。镶嵌着宝珠的璎珞在身后垂成环形，兜住长裙，形成变化丰富的衣褶。菩萨束腰带，下着松身长裙，裙腰处翻折出石绿色的内里，形成双层叠穿的效果，结构表现较为灵活，具有实际穿着的真实感。

图：王唯维

# 莫高窟初唐第332窟主室西壁龛下供养菩萨服饰一

图文：刘元风

此身供养菩萨神态从容，双目微闭，俯视前方，右手持柄香炉，轻步前行。头戴花冠，身上佩戴璎珞、臂钏和手镯。上身斜披石绿色络腋，翻折处露出红色的里面，色彩对比极为鲜明。胯间饰以彩色段状绦带和红色腰襻，下穿镶以红色缘边的石青色腰裙，以及透明质感的石绿色阔腿收口长裤，裤子上装饰着红色的十字花纹。

图：王唯维

# 莫高窟初唐第332窟主室西壁龛下供养菩萨服饰二

图文：刘元风

图中供养菩萨榜题为“越三界菩萨”，她双眸低垂，神情宁静，左手托玻璃宝珠盘，右手持鲜花。头顶花冠，佩戴璎珞、臂钏和手镯，上身披络腋，正反两面分别为石绿色和红色，装饰着红色的四簇点纹，腰束彩色段状绦带，下着红色腰襻、石绿色腰裙和褐色的阔腿收口长裤，裤子上点缀着四瓣花纹。

图：刘畅

# 莫高窟初唐第334窟主室西壁龛内北侧化菩萨服饰

图文：刘元风

化菩萨神态和悦，正双手举钵向维摩诘供奉，又被称为“香积菩萨”。维摩诘所说经中说化菩萨“相好光明，威德殊胜”，因此，壁画也着重表现了她优美的身姿和飘逸的服饰。化菩萨姿态优雅，单腿跪于覆瓣莲花座上，是初唐出现的新题材和新的表现形式。她头戴镶嵌宝珠的仰月冠，束发的缯带绕手臂下垂飘荡。身上佩戴璎珞、臂钏和手镯，腰带为方块式嵌宝珠的金属质地，精致华丽。服饰造型上，菩萨上身袒裸，披轻薄透明的披帛，下着深青色腰裙和透明长裙，裙缘为鲜艳的石绿色，随着菩萨的身躯起伏形成美丽的衣褶。

图：王唯维

# 莫高窟初唐第334窟主室东壁门上供养菩萨服饰

图文：李迎军

供养菩萨目视前方、神情坦然，默默地向佛祈祷。她单膝跪于莲花座上，辅以双手合十的动作，充分体现出对佛法的无限虔诚与敬仰。这尊菩萨肤色白皙，体型已初现唐朝时期的丰腴之态，脑后的披肩卷发还保留着西域人物的形象特征，头顶盘圆髻，戴仰月冠，上身斜披络腋，颈上戴颈环及两条联珠式璎珞项链，两支手臂与手腕均佩戴臂钏与手镯，下着红色点花纹罗裙，系绿色腰裙。

图：王唯维

# 莫高窟初唐第401窟主室北壁下供养菩萨服饰

图文：刘元风

此身供养菩萨为正面像，立于双层莲花台上。她面容端庄秀美，双目微合，向下凝视，体态轻盈，脉脉含情。左手轻提薄纱披帛一端，右手托玻璃宝珠盘，盘子晶莹剔透，呈浅蓝色，口沿有八个褐色圆钮装饰，应是当时十分珍贵的工艺品。菩萨身体重心略放于右腿，增加了飘然而至的态势。服饰造型上，菩萨头戴嵌珠宝冠，戴璎珞和手镯，璎珞在肩部镶嵌宝珠并垂下长短不一的飘带。上身斜披土红色络腋，上面装饰菱格联珠纹图案，青色透明的披帛随身，腰中束带，裙腰处翻折出波状衣褶。

图：常青

# 盛唐

# 莫高窟盛唐第23窟主室西壁龛内南侧菩萨服饰

图文：刘元风

此身供养菩萨眉目娟秀，广额丰颐，启唇欲语。身体姿态呈“S”形，丰腴雍容。左手捧举复瓣莲花，右手轻扶柳枝，纤细柔嫩的玉指，有触碰欲碎的感觉。菩萨束髻头顶，余发披肩，佩戴宝冠，上半身披着络腋，络腋的正面为黄色，背面为绿色。下半身着红色长裙，裙子的两侧由璎珞固定兜揽其长度，以便于举步行走。腰间装饰有华美的彩绦。璎珞、臂钏、手镯应有尽有，各色彩带自肩垂下而随风飘动。

图：常青

# 莫高窟盛唐第31窟主室窟顶北披菩萨服饰

图文：刘元风

此菩萨为文殊赴会的侍从菩萨，体态圆润，双手持长柄香炉，跣足站于莲花座之上。其上半身内穿绿色络腋，外有披帛缠身，下半身着红色织锦长裙，下摆处有绿色缘边，另配有绿色内裙，内裙下摆处镶有红色缘边，使内外裙的色彩和谐有序，腰间垂以白色的打结裙带。菩萨头戴珠宝镶嵌的箍头式花冠，璎珞、臂钏、手镯装缀其身。

图：常青

# 莫高窟盛唐第31窟主室西壁龛顶北侧胁侍菩萨服饰

图文：刘元风

胁侍菩萨双手捧复瓣莲花，端坐于莲花台上，双腿下垂，脚踩莲花。菩萨面庞丰满，高鼻秀目，俏丽而优雅，颈部有象征丰腴的唐代女性特有的三道折纹，头上佩戴花冠，花冠中央有高高翘起的藤蔓，犹如丹凤昂首，两侧有半开的莲苞，颈部和腕部分别佩戴串珠璎珞和手镯。菩萨上身坦露，肩披披帛，披帛的正面为绿色，背面为红色；下身穿赭褐色罗裙，罗裙下摆镶饰绿色的缘边。

图：刘畅

# 莫高窟盛唐第31窟主室窟顶北披西侧菩萨服饰

图：吴波　文：赵茜、吴波

菩萨青春面貌，梳低髻，戴宝冠。冠前中央镶宝珠，即摩尼宝珠。腕戴手镯、璎珞装身，璎珞由珠宝金玉等雕琢镶嵌、串联而成，故法华经变观音普门品有“解颈众宝璎珞，价值百万金而与之”之说。菩萨服饰色彩配置轻重相宜，上衣着披帛，垂落于身后，腰身束蓝白两色的腰裙，并在体侧系结，腰裙之下穿装饰有四方连续散花纹的长裙。

图：王唯维

# 莫高窟盛唐第45窟主室西壁龛内南侧菩萨服饰

图文：刘元风

菩萨上身披络腋，下着花色缠腿薄纱阔裙，腰部有绣花腰裙，并垂缀长带，跣足轻踩莲花座。头上佩戴卷草纹镶嵌宝珠金冠（也称卷云冠），冠体的底部镶嵌有三颗莲花纹宝珠，其左右两侧有如意火焰纹饰，高高膨起的蔓草纹犹如卷云一般在头顶翻卷，其视觉效果颇为壮观。冠缯飘垂而纷披耳际，浓发披肩。菩萨面容圆润，修眉秀目，嘴角上扬，温婉柔美；四肢修长，玉手和秀足各有姿态。

图：常青

# 莫高窟盛唐第45窟西壁龛内北侧胁侍菩萨服饰

图文：刘元风

胁侍菩萨面相丰满圆润，肌肤光洁细腻。上半身斜披络腋，下半身着轻薄的长裙，腰系锦绣腰裙，长裙和腰裙均装饰以缠枝连续性纹样。璎珞、臂钏、手镯金光璀璨，华丽夺目。头部云髻高耸，曲眉丰颊，双目微垂，嘴角上翘，神情恬静慈祥，呈“S”形的站姿，体态丰腴而娇娆。

图：蓝津津

# 莫高窟盛唐第66窟主室西壁龛外北侧观世音菩萨服饰

图文：刘元风

观世音菩萨面如满月，双目低垂，微微含笑，两耳垂肩，发辫飘散；扭腰出胯，身体重心落在右脚，立于莲花台之上；左手下垂轻提璎珞珠串，右手轻拈胸前璎珞珠串。菩萨上半身着双色络腋，下半身穿薄纱花色透体长裙，腰间有锦绣腰裙，另配华丽的彩绦，冠带绕臂飘落；头戴摩尼宝珠冠，臂钏、手镯、璎珞缀满全身。

图：刘畅

# 莫高窟盛唐第66窟主室北壁菩萨服饰一

图文：刘元风

此身菩萨面容饱满，弯眉凤目，樱桃小口；顶束高髻，发辫披肩，佩戴火焰纹宝冠，冠体正中和两侧均镶嵌绿宝石。菩萨站姿呈“S”形，收腹提胯，跣足站于莲花座之上，左手持莲花，右手持净瓶；上半身披红绿双色络腋，并在肩部打花结；下半身着花纹与条纹相兼的阔裙，腰系腰襻和彩绦，薄纱彩带环身飘散；冠带绕腕垂落，璎珞装点其身，相互连接，随风而动。

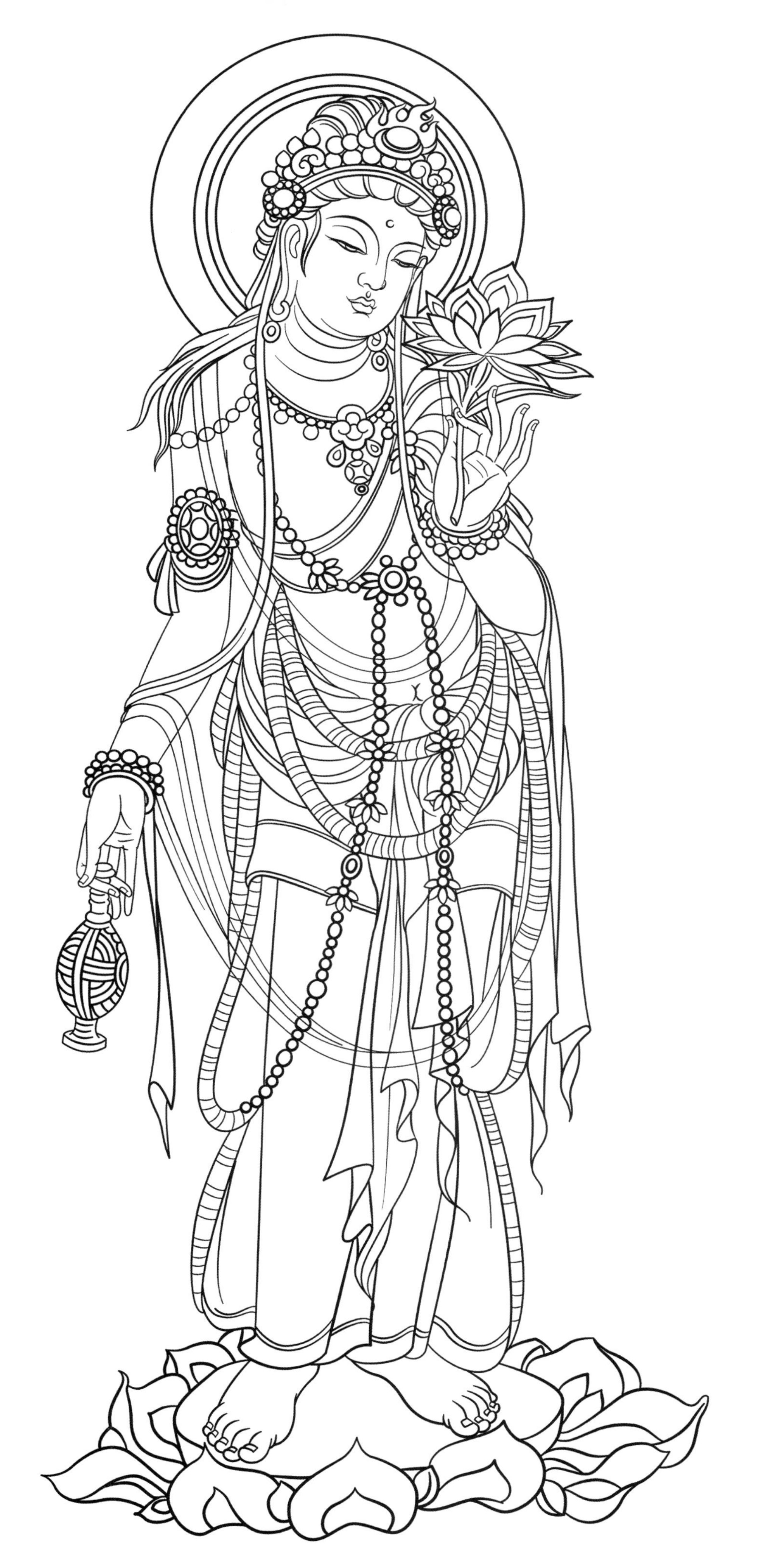

图：蓝津津

# 莫高窟盛唐第66窟主室北壁菩萨服饰二

图文：刘元风

菩萨面相端庄，直鼻秀目，头束硕大而夸张的发髻，并向后、向下延展；挺胸收腹，玉树临风，跣足立于莲花座之上，双手奉上宝石珠串。菩萨上身披络腋，肩上着红绿双色披帛（披帛正面为绿色，背面为红色），下身穿薄纱阔脚裤，另穿绿色的腰裙，长长的彩带随风飘扬；头上佩戴玉珠宝冠，冠体前面有三颗立体的宝石镶嵌，耳饰、项饰、腕饰及背部装饰尽情展现。

图：蓝津津

# 莫高窟盛唐第66窟主室南壁西侧菩萨服饰

图文：刘元风

菩萨面部略施粉彩，眉间点画白毫，留有胡须，顶束高髻，发辫散落于肩；双手合十，结跏趺坐于莲花座之上，身披络腋，绕臂飘落，下身穿花色长裙，腰襻在腰部多层缠绕。其华美的服饰，特别是富于律动感的披帛和络腋，典雅古朴的色彩，精致的装饰纹样，都充分彰显了盛唐造型艺术的人文气质和美学格调。

图：常青

# 莫高窟盛唐第74窟主室西壁龛内南侧菩萨服饰

图文：刘元风

菩萨形体姿态优雅，五官秀丽，眉间点画白毫；膊腕如藕，玉手纤纤；头束高髻，佩戴正方形嵌珠宝冠，红色的冠缯过耳垂肩。身披赭红色的络腋，下穿落地长裙，腰间装饰以多彩的腰裙，腰部垂有浅棕色飘带，透明的披帛在身前环绕飘拂。

图：蓝津津

# 莫高窟盛唐第103窟主室南壁菩萨服饰

图文：刘元风

此身菩萨面容端庄，蛾眉秀目，楚楚动人。双手作“普贤三昧耶印”，盘腿坐于莲花台之上。头束高髻，佩戴镶嵌蓝宝石的宝冠，冠体为红绿锯齿形纹饰，其上镶嵌双层七颗蓝宝石，正中上部的一颗体量最大，可见盛唐时期菩萨冠饰之华丽和精美。项链、臂钏、璎珞均镶嵌有蓝宝石。菩萨上半身穿赭红色的络腋，下半身着土红色阔裙，裙摆镶嵌蓝色缘边，冠缯绕肘飘洒。绿色薄纱披帛环绕腰部及身体左右。

图：王绮璠

# 莫高窟盛唐第103窟主室东壁南侧菩萨服饰

图文：李迎军

画面中的菩萨胡跪在莲花台上，双手托钵，向诸族王子、官属献香饭。菩萨面相丰满，云鬓高髻，宝冠束发，冠缯长垂，浓发披肩，上身着僧祇支，披帛垂绕，戴璎珞、臂钏、手镯，下着红裙，系绿色腰襻。整体造型姿态优美，形神兼备。

图：王绮璠

# 莫高窟盛唐第113窟主室南壁菩萨服饰

图文：刘元风

菩萨面容温婉，眉清目秀，高鼻小口，双手合十，交腿端坐于莲花台之上。上身披帛绕身，下身穿黄色长裙，四瓣花纹点缀其间，腰部装饰以腰襻，并有裙带垂落。头戴莲花宝冠，冠体正中莲花上镶嵌着绿宝石，两侧装饰有莲花宝珠，并有冠缯与垂坠从头后两侧飘拂，与珠宝项链和手镯相映成趣。在画面的艺术处理上，菩萨的静态造型与其披帛、飘带的动态形成鲜明的对比，给人以静中有动、动静结合的视觉效果。

图：王绮璠

# 莫高窟盛唐第113窟主室西壁龛内北侧菩萨服饰

图文：刘元风

菩萨头束球形髻，佩戴宝珠装饰的臂钏和手镯，跣足立于莲花台上。上半身披络腋，下半身穿薄纱落地长裙，裙子的结构呈现整体而有节奏的褶皱效果，并有卷草纹样点缀其间，腰系绣花腰裙，裙子前面有波浪状边饰盘旋而下，更显其律动美感。

图：常青

# 莫高窟盛唐第116窟主室东壁门南侧菩萨服饰

图文：刘元风

菩萨面带笑意，眼帘微垂，嘴角上扬，颈部丰满并有惯常的三道褶纹，是唐代女性以胖为美的典型象征，耳垂拉长呈矩形。菩萨左手提净瓶，右手轻拈飘带，上身斜披络腋，下身穿赭红色长裙，腰配绿色的腰裙，并有裙带打结垂落，自肩而下的长长的飘带摇曳生姿。头上佩戴日月冠，颈部、腕部佩戴珠宝首饰，“X”形长璎珞垂挂至膝部。整体服饰绚丽多彩，优雅妩媚。

图：刘畅

# 莫高窟盛唐第120窟主室西壁龛内南侧菩萨服饰

图文：刘元风

菩萨形象恬静而优雅，双手持长茎莲花。上半身披红蓝色络腋，下半身着花卉纹样的长裙，腰间系有彩色绦带，臀部包裹蓝色腰襻，中间打结垂落两腿之间，红蓝色相间的条帛和彩带一并披挂周身飘然而下。菩萨头束云髻，发辫披肩，佩戴镶嵌绿松石的宝冠，冠缯系结分布两侧，华丽的璎珞和臂钏与头冠的装饰风格相一致。

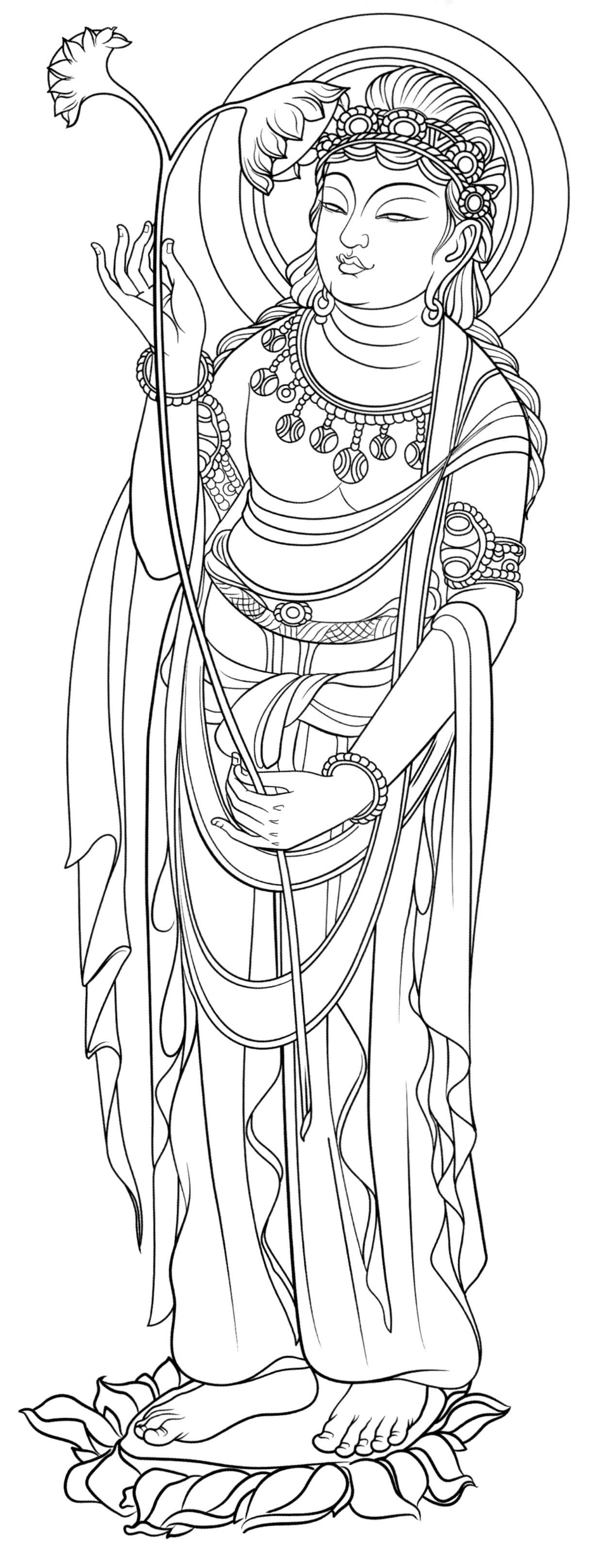

图：刘畅

# 莫高窟盛唐第124窟主室西壁龛外南侧菩萨服饰

图文：刘元风

菩萨姿态呈“S”形，身体的重心落于左脚。上半身披红蓝相间的络腋，下半身穿土红色的阔裙。腰部附以褐色的绣花腰裙，腰裙之上配有腰襻。菩萨头顶高髻，佩戴双层宝石日月宝冠，垂挂珠串式瓔珞和臂钏，整体服饰浑然一体，华丽多彩。

图：刘畅

# 莫高窟盛唐第125窟主室西壁龛外南侧菩萨服饰

图文：刘元风

菩萨面容娇美，妩媚动人。上半身着披帛，下半身穿高腰长裙，由于受到长璎珞的兜揽作用，裙子呈现出波浪形和节奏感，并露出裙里的绿色，与外裙的土红颜色形成对比效果。白色的裙带自腰部向下在膝盖处打结，长长的丝带在身体上下左右环绕飘洒，披帛与底部的莲花座交织在一起。菩萨头上佩戴莲花宝冠，其中间高高卷起，两侧为火焰纹饰，并有珠串垂坠装饰，与颈部的珠宝璎珞相映成趣。

图：王唯维

# 莫高窟盛唐第166窟主室东壁南侧菩萨服饰

图文：刘元风

菩萨面相恬静秀美，眉间点画白毫，双目微垂，朱砂点唇。左手提净瓶，右手轻拈杨柳枝。上身斜披土红和翠绿双色的络腋，下身穿土黄色轻纱透体的长裙，并配有绿色的腰裙，腰裙上有土红色缘边，腰部系镶嵌宝石的腰带。菩萨头戴化佛冠，冠缯与身上的飘带一起随风飘垂，身上佩戴的璎珞、臂钏、手镯与整体服饰相得益彰。

图：常青

# 莫高窟盛唐第172窟主室北壁菩萨服饰一

图文：刘元风

菩萨相貌秀美，双眸微垂，眉心点有白毫，留有胡须。右手托举翡翠花瓶，端坐于莲花台上，左腿下垂，脚踩莲花。身披薄纱披帛，绿色丝带系于肚脐之上，腰间还有镶嵌珠宝的装饰链条。下身穿着深绿色的织锦阔裙，裙上的几何形纹饰经典且精美，并采用了截金的技法，使织锦纹饰更加绚丽多彩。

图：蓝津津

# 莫高窟盛唐第172窟主室北壁菩萨服饰二

图文：刘元风

菩萨面容端庄恬静，宽眉秀目，鼻直口圆，留有胡须，左手持琉璃宝匣，右手轻拈睡莲花，端坐于莲花台上，右腿下垂脚踏莲花。身披绿色络腋，肩披薄纱披帛，下身穿绿色织锦阔裙，裙子上的条形几何纹样极为精美，既有花卉形态的条形纹样，又有几何形态的条形纹样，腰部系织锦腰带，两侧镶嵌绿松石。同时，腰部还系有蓝绿色的飘带且随裙垂落。整套服饰华丽典雅。

图：蓝津津

图文：刘元风

菩萨面形圆润而清秀，左手托举琉璃盏，稳坐在莲花台上，双脚踩在莲花上。左肩斜披绿色络腋，身披红白两色薄纱披帛，下穿深褐色长裙，绿色飘带自腰部垂下。头戴花冠，头冠呈现花枝状向上、向左右翘起，花朵由下向上有节奏地排列，造型极具特色，冠缯从头部两侧垂下。身体各个部位装饰的耳环、臂钏、手镯与璎珞动静相宜，丰富多彩。

图：蓝津津

# 莫高窟盛唐第172窟主室东壁南侧菩萨服饰

图文：刘元风

菩萨面形俊俏，朱唇翠眉，眉心点有白毫。左手提净瓶，右手轻拈项链坠玉珠，跣足站于莲花座之上。上身斜披红绿两色络腋，下身穿深红色罗裙，罗裙外套穿红色腰裙，腰裙底边装饰绿色的垂穗。腰部除系红色腰带之外，另有绿色的腰襻围裹并在右侧打花结。菩萨头束高髻，余发披肩，佩戴化佛冠，并有珠宝镶嵌左右，与璎珞、臂钏、手镯浑然一体。

图：常青

# 莫高窟盛唐第172窟主室东壁北侧菩萨服饰

图文：刘元风

菩萨面容清雅娇羞，眉间点有白毫，左手握净瓶，右手轻拈柳枝，略侧身，跣足站在莲花座上。身穿僧衹支，肩披双色披帛，下身穿土红色曳地长裙，底摆处翻出绿色的缘边。前腰处有白色的丝质裙带扣结后飘落，从冠缯处延伸向下的细长圆环形条带与各色彩带一起绕身飘洒。

图：蓝津津

# 莫高窟盛唐第172窟主室南壁供养菩萨服饰一

图文：张春佳

由于原壁此处画面有一定的残损，诸多细节不够清晰，本图尝试进行一定程度的还原。该身供养菩萨双手托举花盘，上身裸露，但由于飘带宽大，造型丰富，并不显得空洞，下部推测应着裙装。耳部上方发饰有璎珞和悬垂装饰，耳饰亦为扇形，后背颈部向下也有璎珞，发辫自脑后长垂。此身菩萨原壁残留的图像主体色调与第172窟主室南壁一致，为青绿色系，十分清雅。

图：刘畅

# 莫高窟盛唐第172窟主室南壁供养菩萨服饰二

图：吴波　文：赵茜、吴波

菩萨右侧身跪坐，眉目俊秀，神情专注，双手托着盛放饭食的盘子于面前，虔诚沉静。头顶束大髻，曲发披肩，垂于后背，头戴日月冠，由人间帝王冠饰蜕变而来。双耳垂珰，戴臂钏、手镯，隐约可见全身饰有璎珞。右肩斜挎络腋，下着腰裙与长裙。披帛从肩部缠绕至双臂并垂落于地面。

图：王绮璠

# 莫高窟盛唐第172窟主室北壁供养菩萨服饰

图：吴波　文：赵茜、吴波

菩萨半跏趺坐，高鼻秀目，右手托着盛放花朵的盘子，神态静和；梳高髻，头戴宝冠，余发垂于肩背，宝冠两侧也有钿饰装扮；双耳垂珰，戴项饰、手镯；双肩搭饰披帛，于身体两侧垂落，胯间有腰襻结构，并在身前系结，腰襻下着长裙。整体服饰以蓝绿色为主，头冠、项饰、围腰、长裙均为冷色，头发为暖色，主次分明，色彩明快。

图：王唯维

# 局部

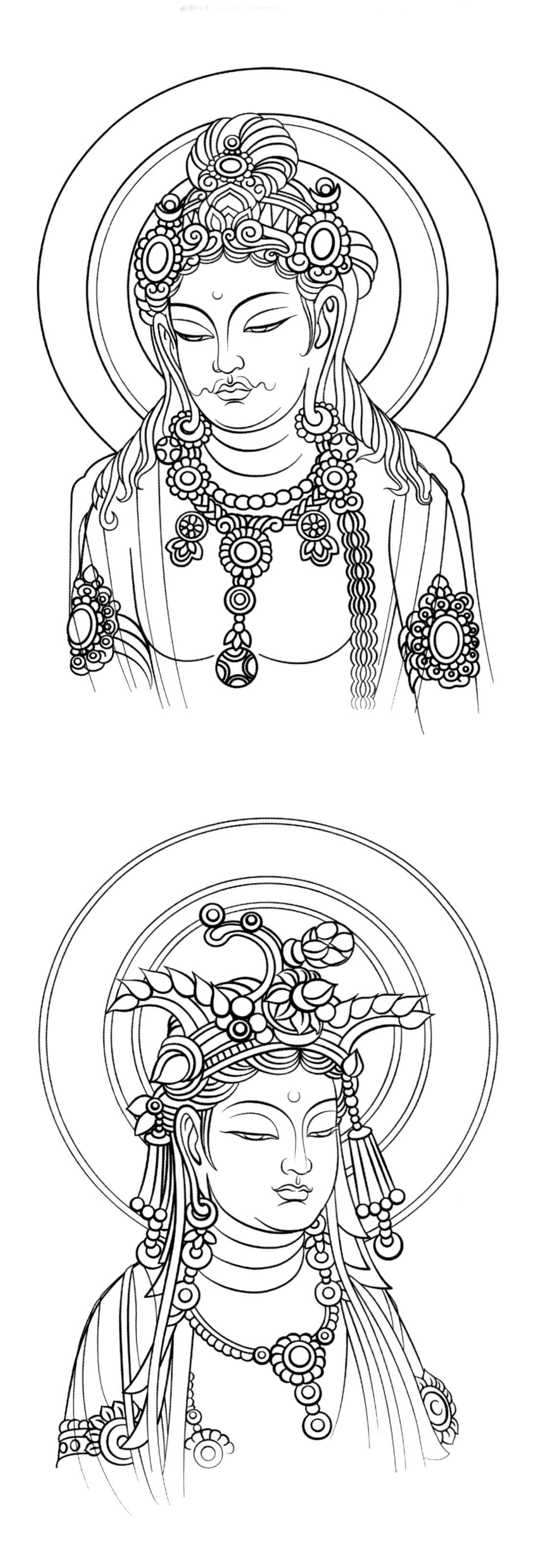

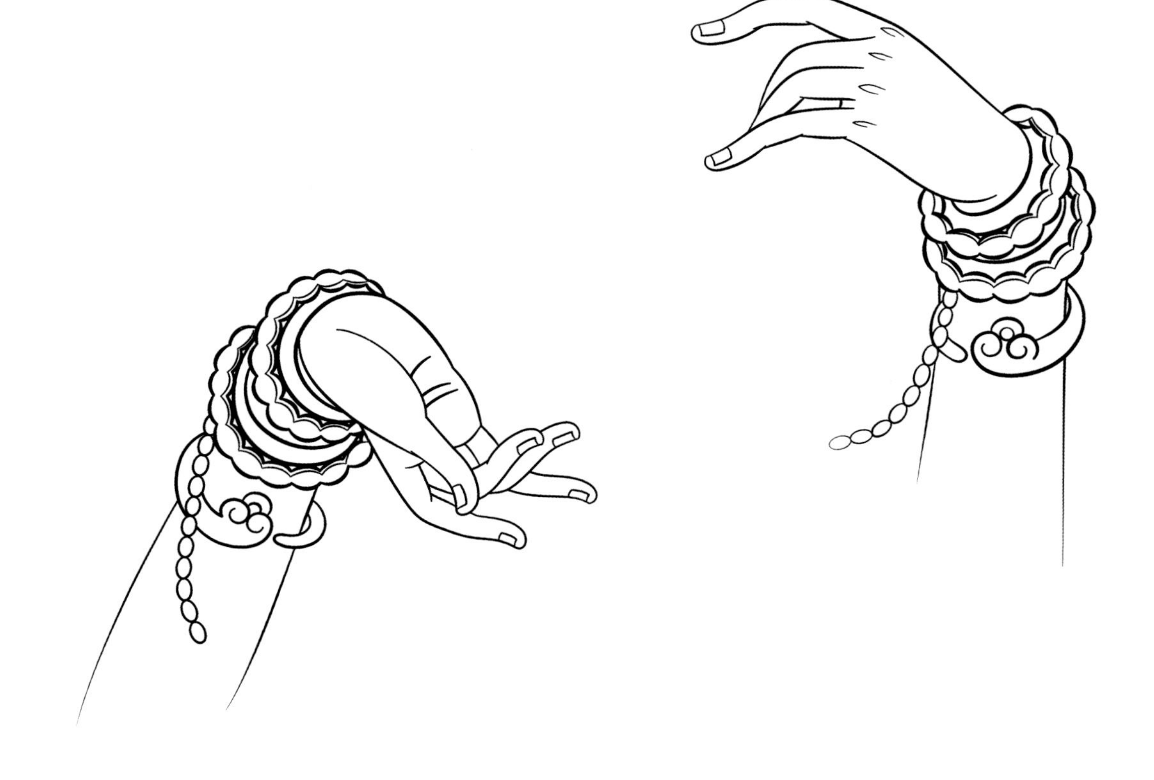

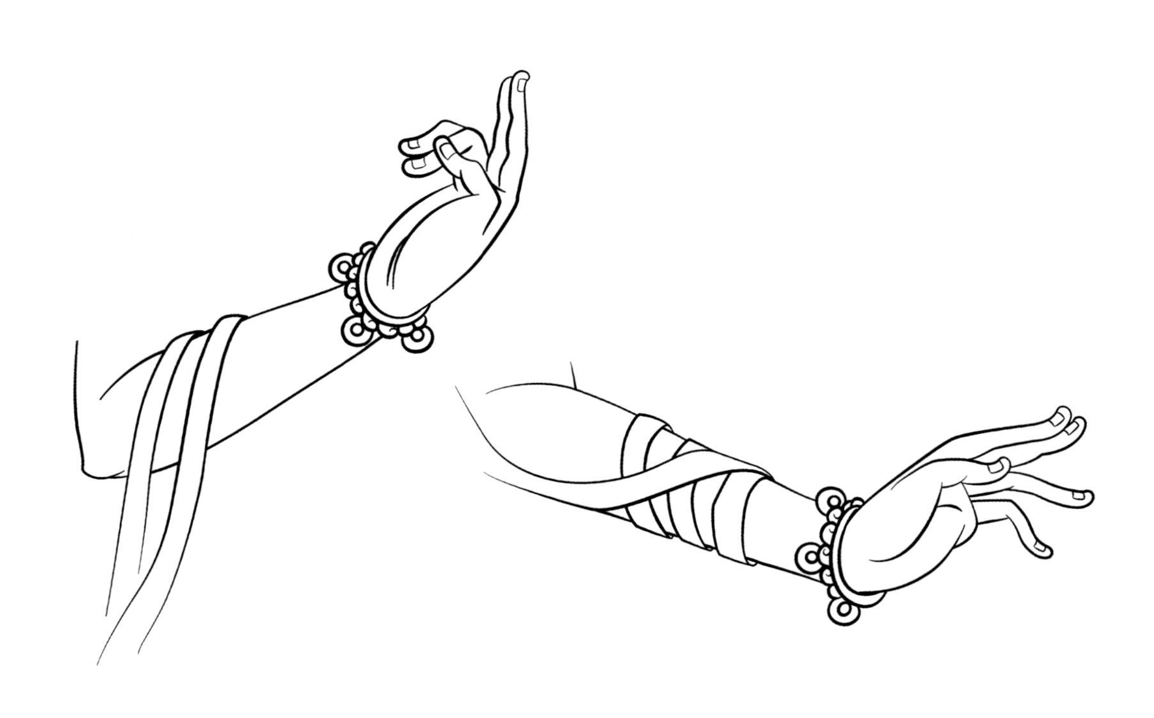

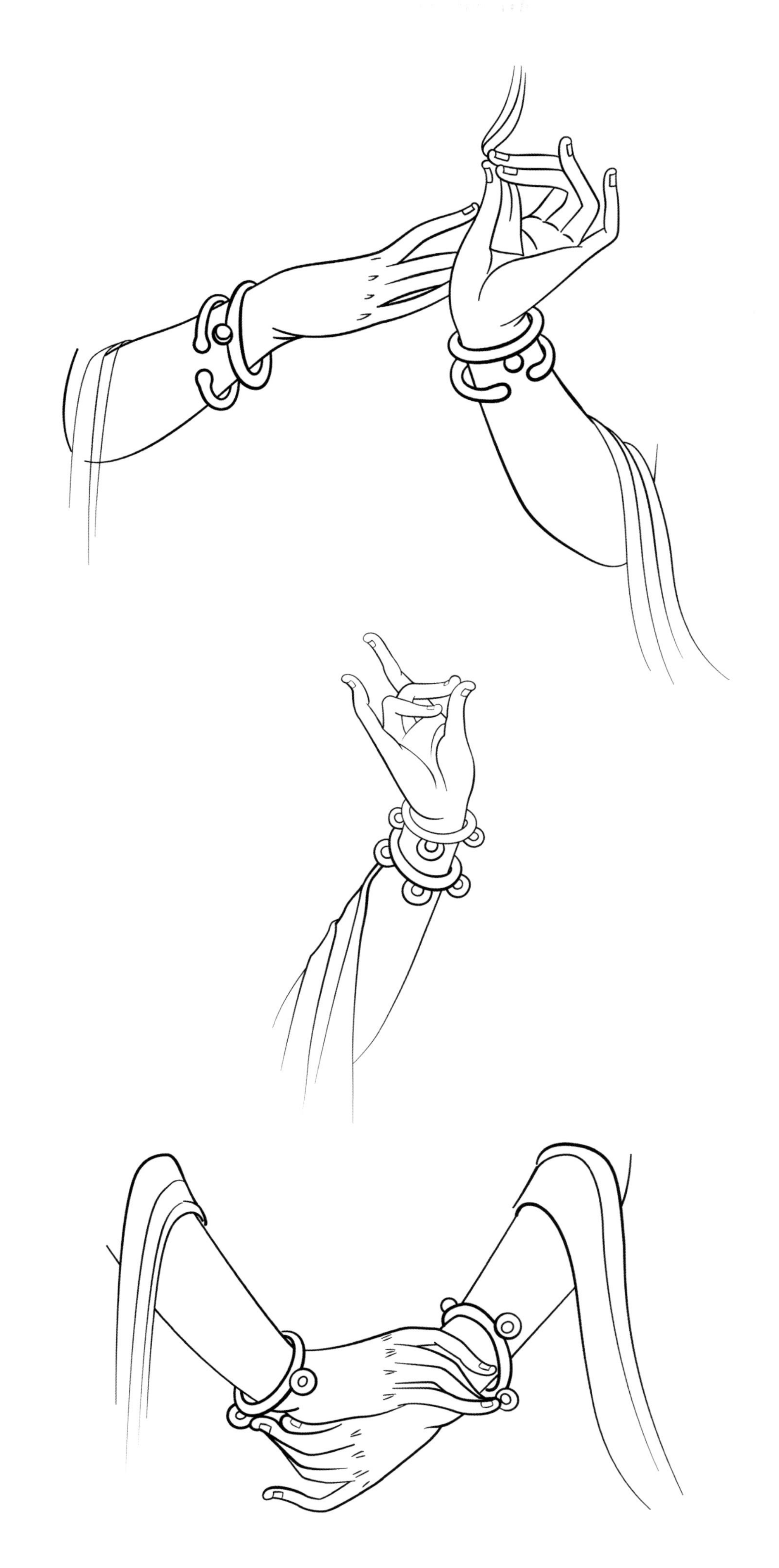

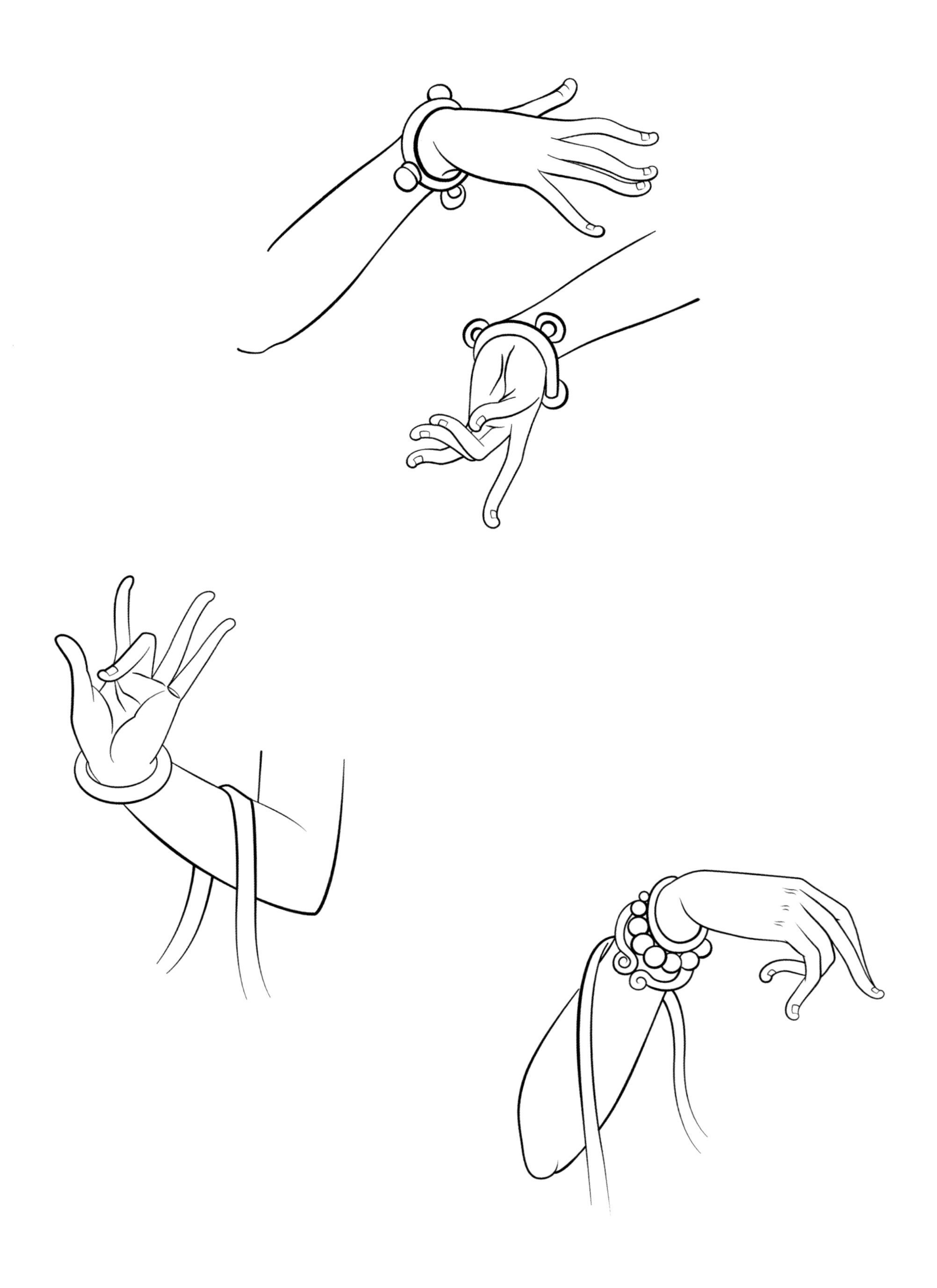

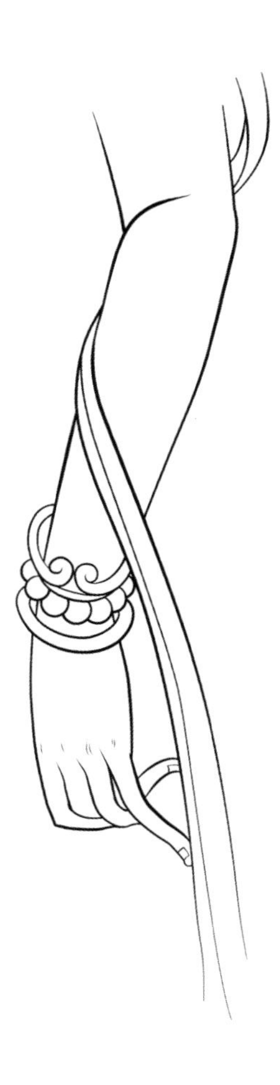

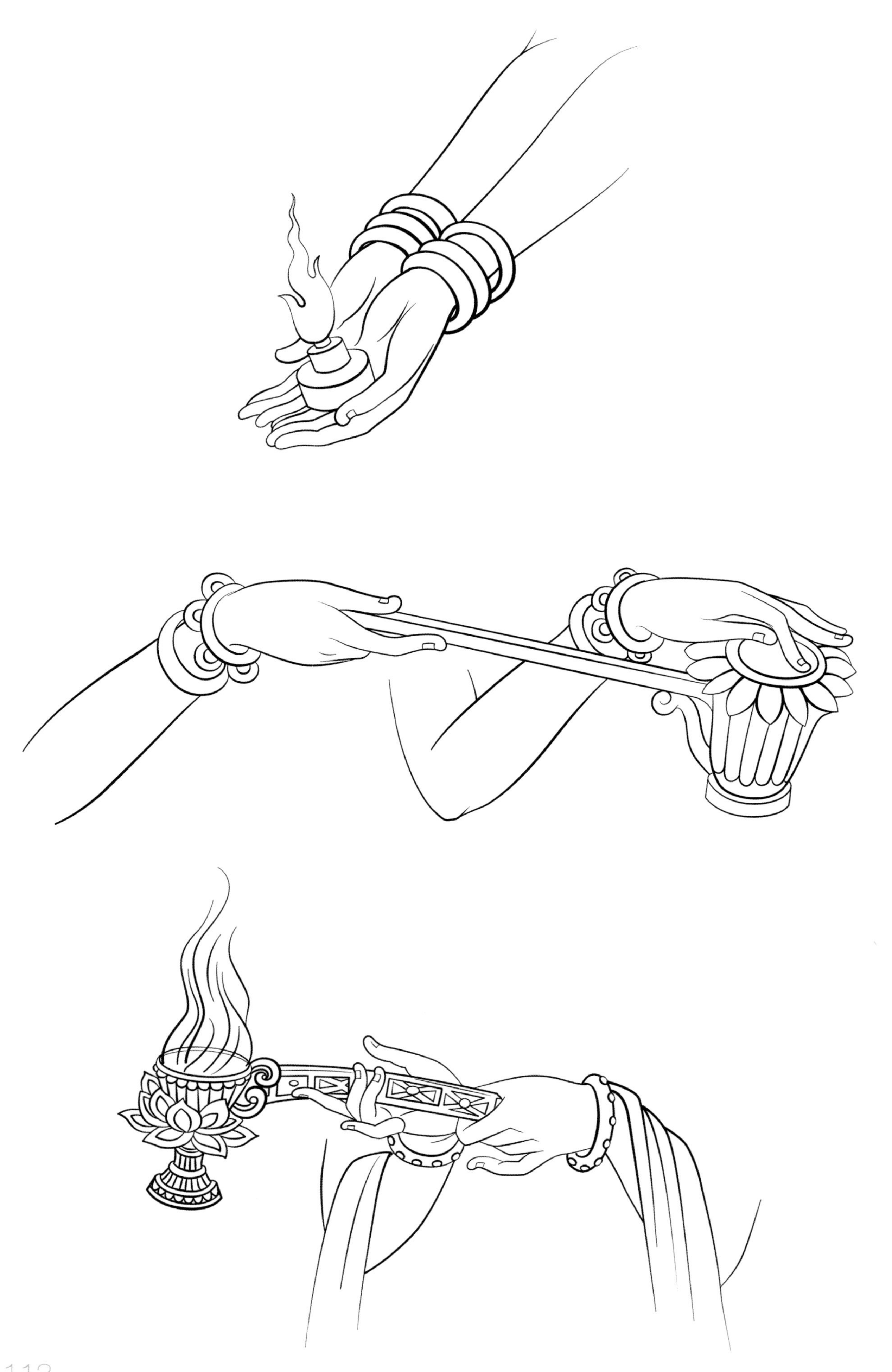

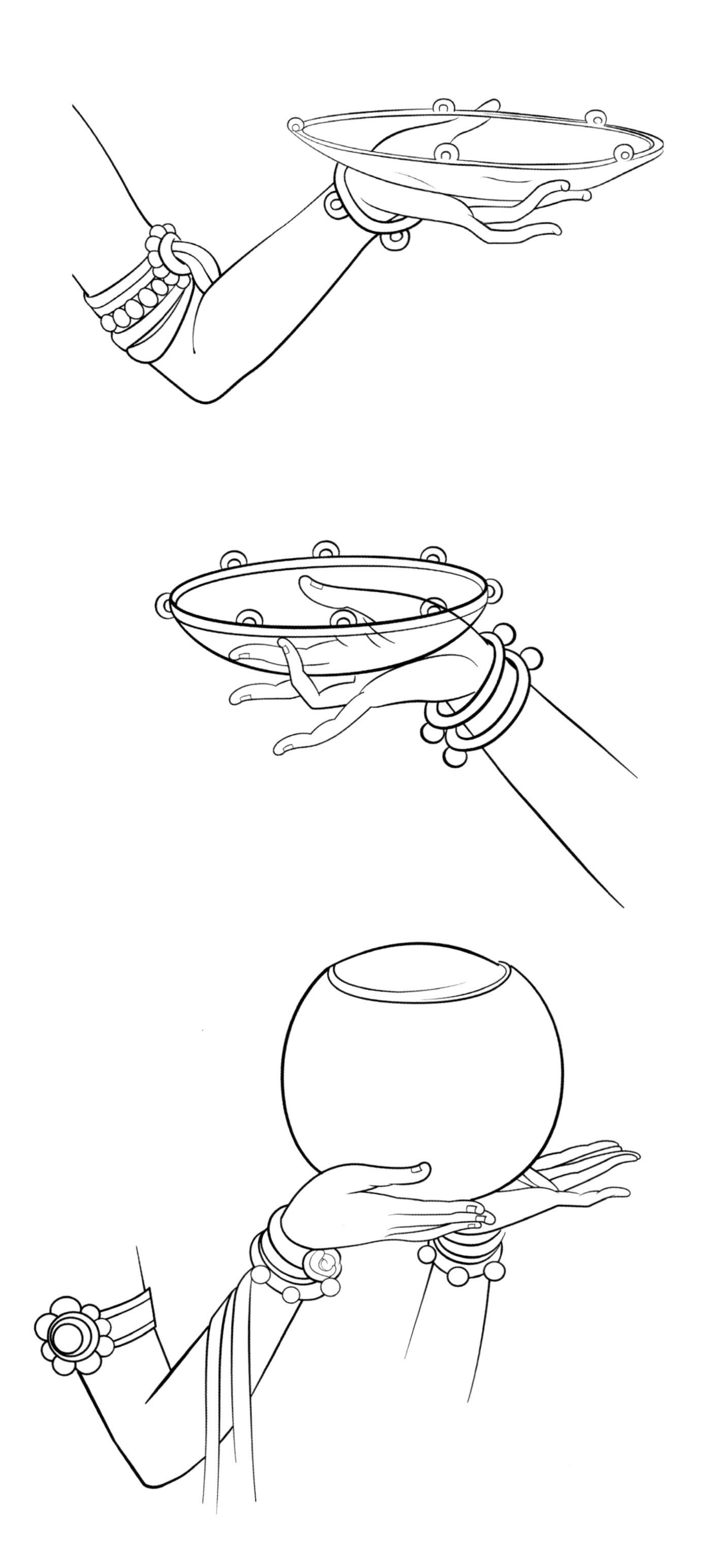

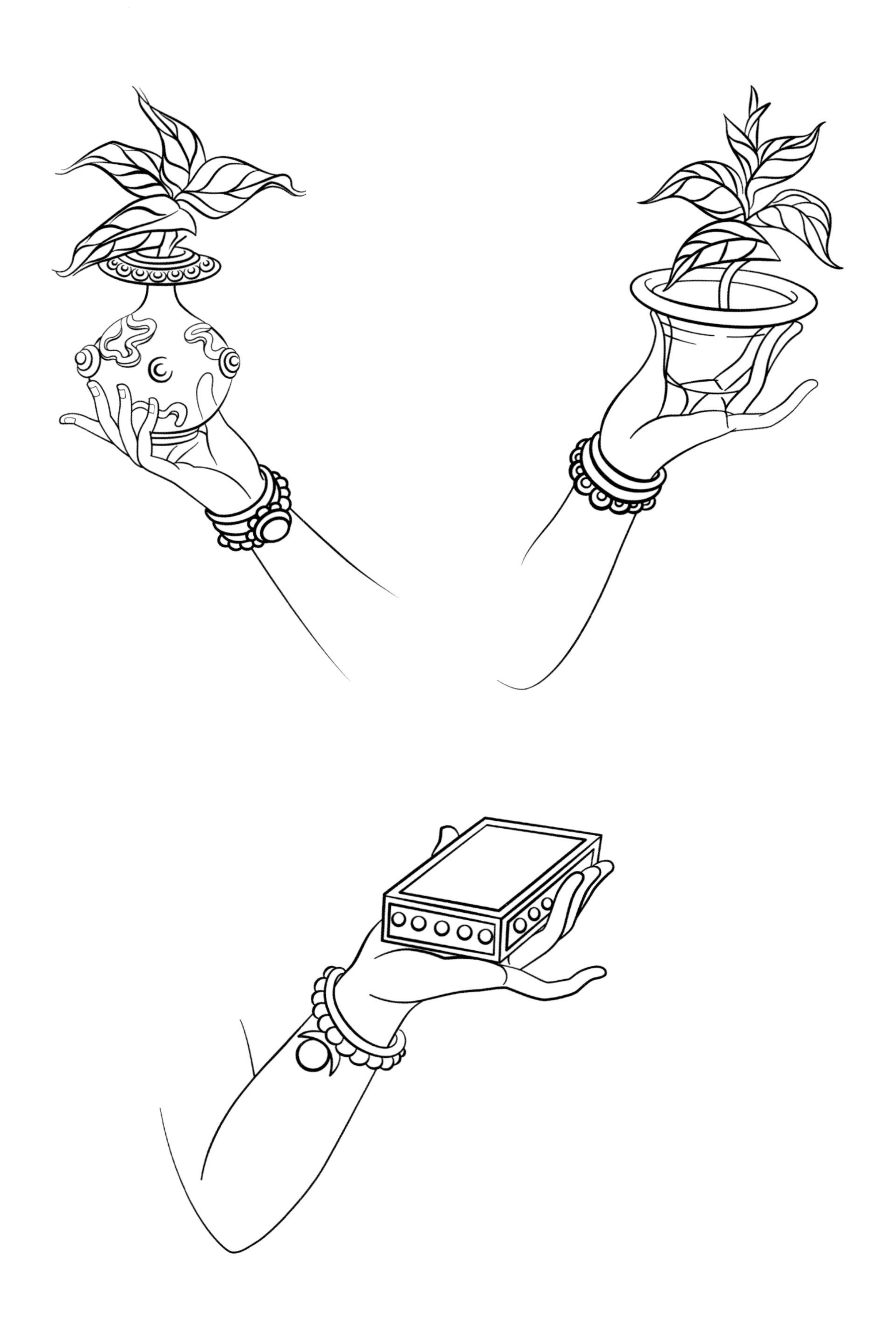

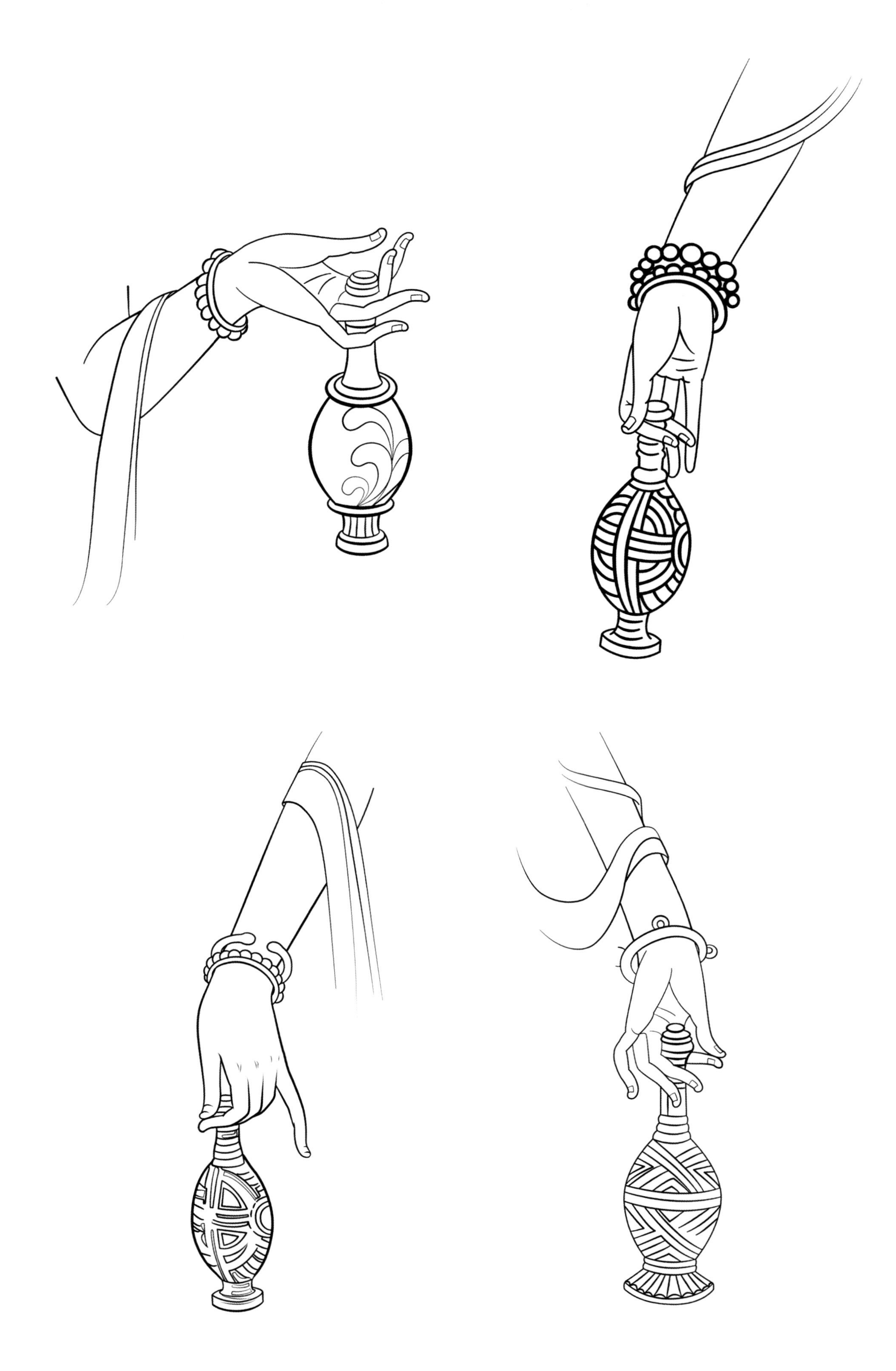

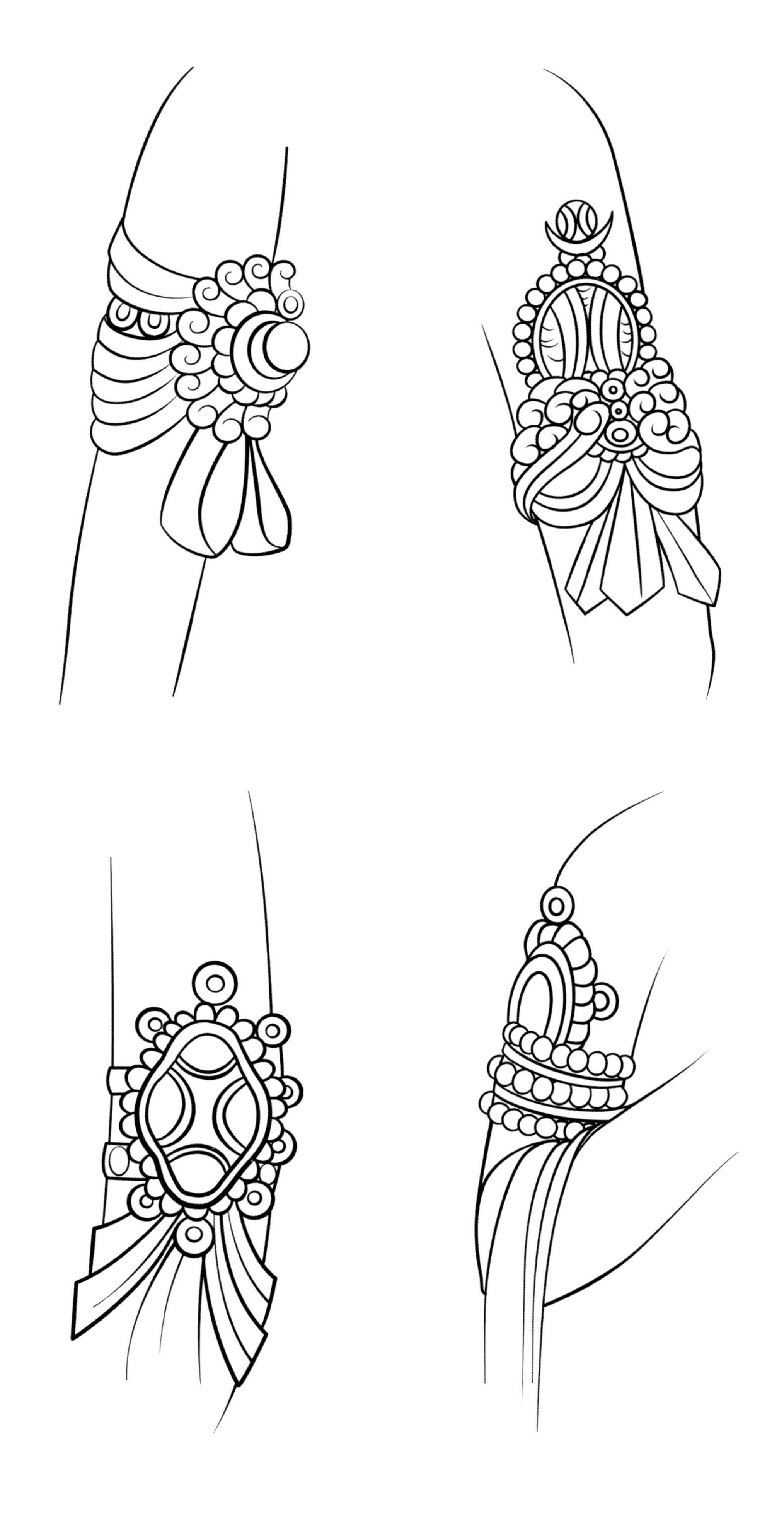

足踏莲花

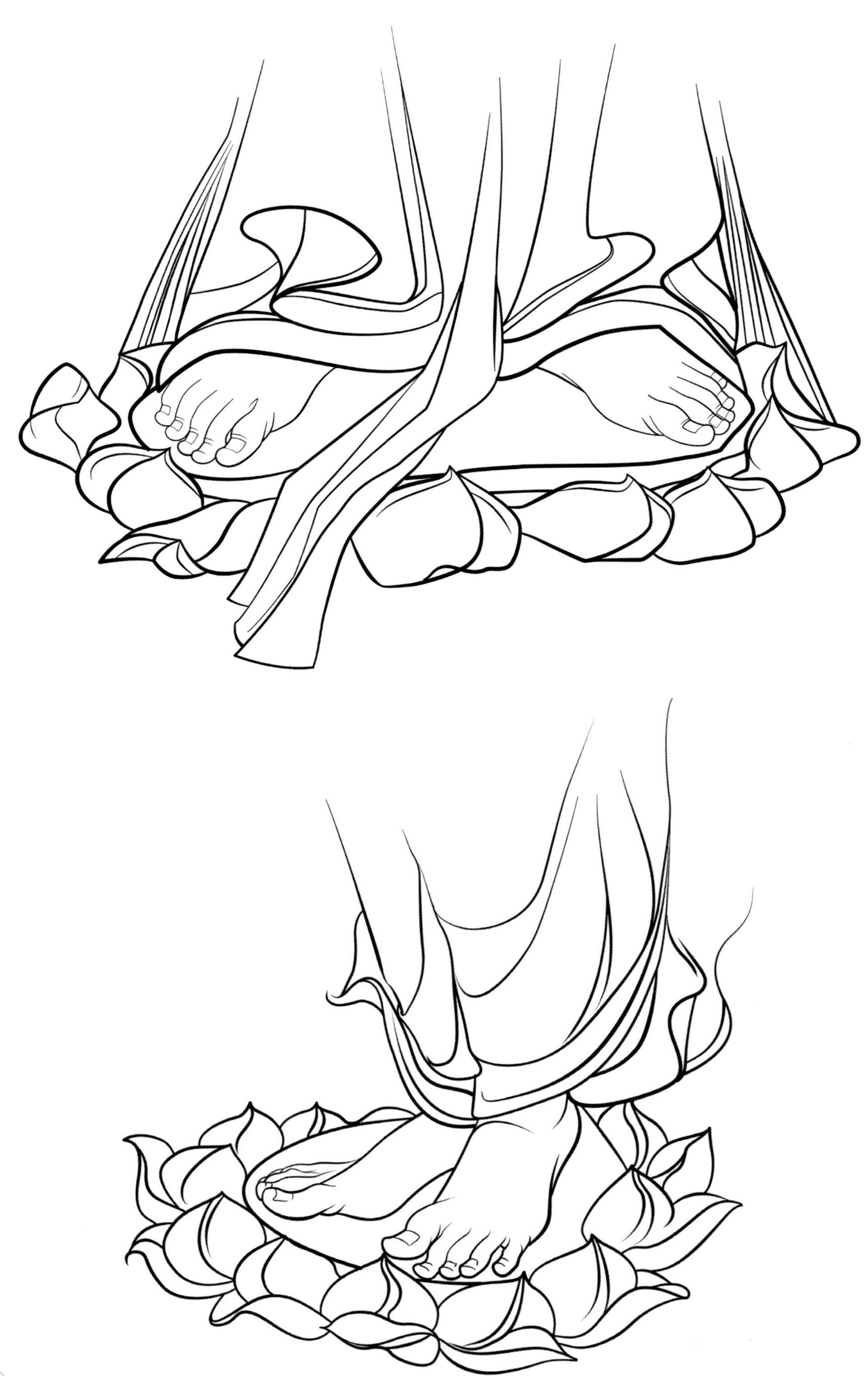

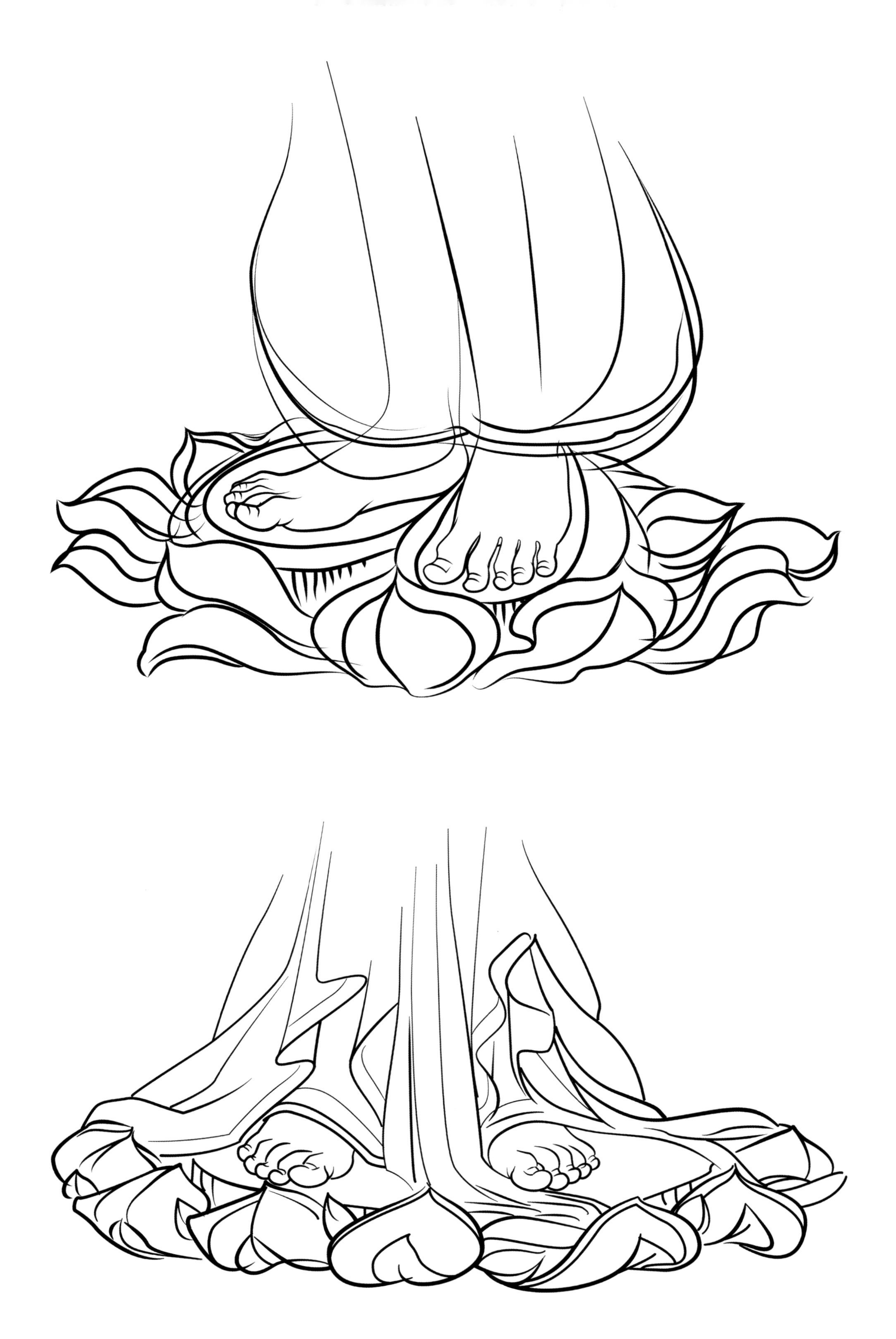